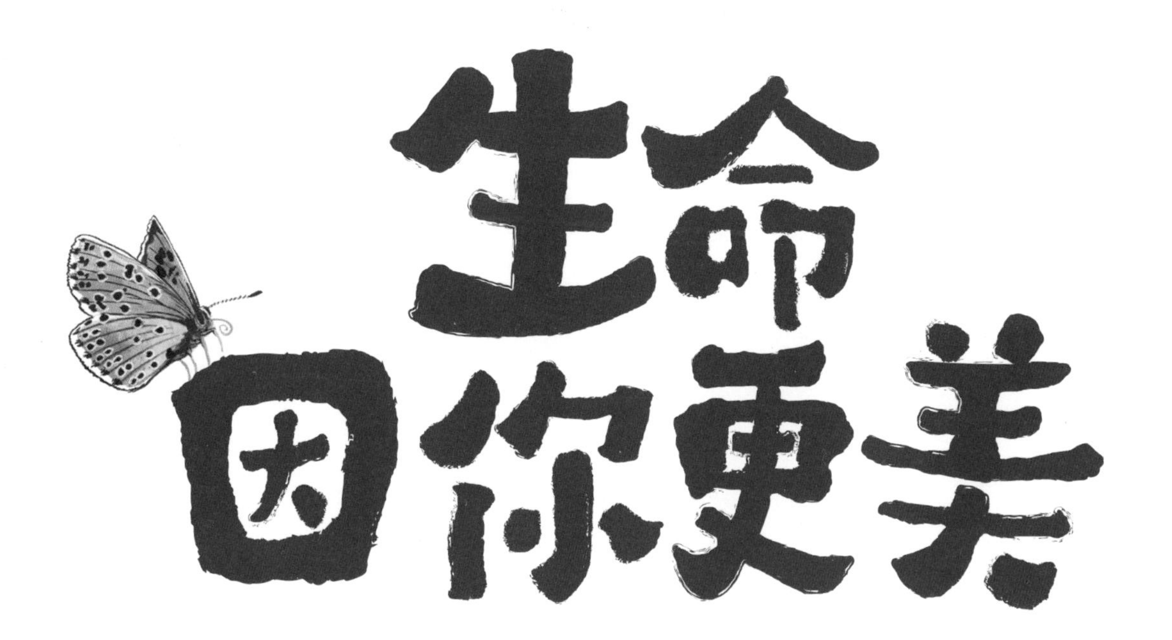

生命因你更美

20种濒危生物回归栖息地的故事

[英] 海伦·斯凯尔斯 著 [英] 好妻与勇士 绘 弥乐 译

重庆出版集团 重庆出版社

First published in Great Britain in 2023 by Laurence King Publishing
本书中文简体字版©2025年，由重庆出版社出版。
版贸核渝字（2024）第060号

图书在版编目（CIP）数据

生命因你更美 ：20种濒危生物回归栖息地的故事 / （英）海伦·斯凯尔斯著 ；（英）好妻与勇士绘 ；弥乐译. 重庆 ：重庆出版社，2025. 3. -- ISBN 978-7-229-19233-4

Ⅰ. Q111.7-49

中国国家版本馆CIP数据核字第2024928PN9号

生命因你更美：20种濒危生物回归栖息地的故事

SHENGMING YIN NI GENG MEI:20 ZHONG BINWEI SHENGWU HUIGUI QIXIDI DE GUSHI

［英］海伦·斯凯尔斯 著 ［英］好妻与勇士 绘 弥乐 译

出　　品：华章同人
出版监制：徐宪江 连 果
责任编辑：齐 蕾
营销编辑：史青苗 刘晓艳
责任校对：刘小燕
责任印制：梁善池
装帧设计：乐 翁 DESIGN QQ:954416926

重庆出版集团 重庆出版社 出版
（重庆市南岸区南滨路162号1幢）
北京博海升彩色印刷有限公司 印刷
重庆出版集团图书发行有限公司 发行
邮购电话：010-85869375
全国新华书店经销

开本：889mm × 1194mm 1/16 印张：4 字数：62千
2025年3月第1版 2025年3月第1次印刷
定价：68.00元

如有印装质量问题，请致电023-61520678

献给奥古斯特和阿努克。

——海伦·斯凯尔斯

献给所有致力于为我们的星球创造更光明未来的人,

以及我们的“小野人”比亚、托弗、厄尼和基特。

——好妻与勇士

目录

前言

野生世界的希望

在我们生活的这颗星球上，到处都是令人难以置信的野生奇观——从树梢到山顶，从小树丛到大森林，从沙滩到海洋，从花园到池塘，甚至从人潮汹涌的大街到高耸入云的混凝土建筑……野生动物、植物和其他生物遍布地球的角角落落，共同构成了我们口中所说的“自然”。然而，自然陷入了困境。

有时，我们收到的似乎只有大自然失衡的坏消息，很多动植物都变得比以前更稀少，更难被找到，天空和海洋中充斥着污染物。生态系统——由各种野生生物组成的生活场所——正在分崩离析。

好在，我们仍能看到希望。相比以前，现在已经有越来越多的人意识到，保护我们赖以生存的地球，以及学会与其他生物和谐共处是多么重要。一个健康的野生世界，不只能让我们人类享受快乐与安逸，也是在保护地球的长久未来。好消息是，很多自然事物其实只需要一只手，就能帮助它们恢复生机和活力。

几近消失的华美动物正在重获往日的光辉，植物重新发芽生长，蝴蝶在人们以为再也见不到它们的地方扇动翅膀，鸟儿在曾经变得一片死寂的地方再度歌唱——世界各地，成千上万的人正在为这一切而努力着。当然，你也可以成为这项全球性活动的一分子——读一读这本书中的20个了不起的自然故事，相信这会是一个很好的起点。在这趟旅行中，我们会探访一些令人惊叹的壮美之地，结识一些勇敢而勤劳的人，发现许多不可思议的神秘物种。在这个过程中，我们将会看到哪些事情是可能的，以及我们该如何令自然回归。

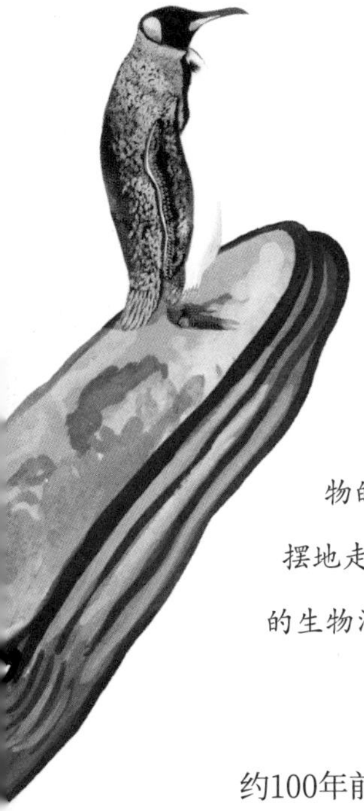

生生不息的冰海之鲸

在环绕南极洲的冰冷海水中，有一个特别的岛屿，它远离人烟，却是许多动物的家园。海狗和象海豹[1]懒洋洋地躺在海滩上休息，成群结队的帝企鹅摇摇摆摆地走来走去……然而就在不久前，在这座名为南乔治亚岛的岛屿周围，一种巨大的生物消失了。

约100年前，人类开始来到南乔治亚岛猎捕蓝鲸。蓝鲸是目前地球上已知最大的动物，从头部到尾巴可长达30米，相当于6只长颈鹿或20条球蟒[2]首尾相连。人们用爆炸性鱼叉猎杀蓝鲸，然后熬煮它们巨大的身体，以获得鲸油。鲸油可以用来点灯，还可以制造人造黄油、胶水、口红等。南乔治亚岛周围的猎捕活动，一直持续到在那里再也找不到一头蓝鲸为止。

自1986年起，世界各地开始陆续禁止以营利为目的的捕鲸活动。不过，仍有一些原住民继续保持着传统的狩猎行为，比如阿拉斯加的因纽特人。尽管现在蓝鲸受到了保护，但它们已经很多年没有回到南乔治亚岛了。科学家们花了几十年的时间去搜寻，但发现的鲸少之又少。终于，在2020年，一支由英国科学家领导的国际科考团队绕岛航行3个星期，发现了58头蓝鲸——数量远远超出他们的预期！与此同时，其他种类的鲸也在世界各海域慢慢复苏，汪洋中的巨大身影再次多了起来，其中包括南极洲海域中的座头鲸和阿拉斯加海域中的弓头鲸。即便如此，鲸类动物仍然面临着气候变化、塑料污染、渔网缠身、水下噪声、船只撞击等问题。不过，鲸的数量从过度捕捞中逐渐有所恢复的事实表明，只要人类不去打扰野生动物，有些事情就是有可能发生的。

---

① 象海豹是海豹中的一类，因为成年雄性有大象般的鼻子而得名。象海豹有北象海豹和南象海豹两种。——如无特殊说明，本书脚注均为编者注

② 球蟒是一种分布在非洲的无毒蟒蛇，体色以黑色为基调，背部有许多圆形斑纹。

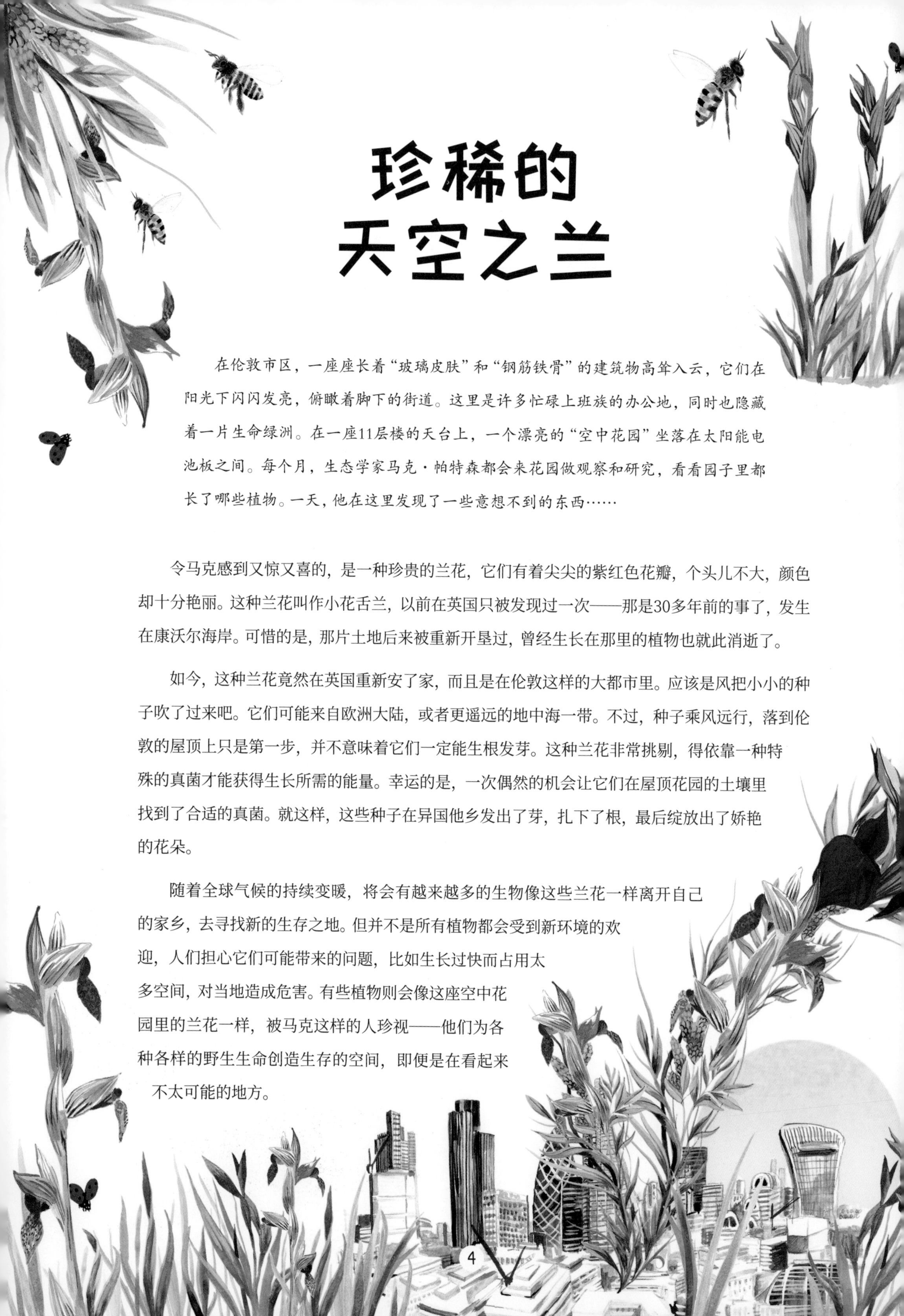

珍稀的天空之兰

在伦敦市区，一座座长着“玻璃皮肤”和“钢筋铁骨”的建筑物高耸入云，它们在阳光下闪闪发亮，俯瞰着脚下的街道。这里是许多忙碌上班族的办公地，同时也隐藏着一片生命绿洲。在一座11层楼的天台上，一个漂亮的“空中花园”坐落在太阳能电池板之间。每个月，生态学家马克·帕特森都会来花园做观察和研究，看看园子里都长了哪些植物。一天，他在这里发现了一些意想不到的东西……

令马克感到又惊又喜的，是一种珍贵的兰花，它们有着尖尖的紫红色花瓣，个头儿不大，颜色却十分艳丽。这种兰花叫作小花舌兰，以前在英国只被发现过一次——那是30多年前的事了，发生在康沃尔海岸。可惜的是，那片土地后来被重新开垦过，曾经生长在那里的植物也就此消逝了。

如今，这种兰花竟然在英国重新安了家，而且是在伦敦这样的大都市里。应该是风把小小的种子吹了过来吧。它们可能来自欧洲大陆，或者更遥远的地中海一带。不过，种子乘风远行，落到伦敦的屋顶上只是第一步，并不意味着它们一定能生根发芽。这种兰花非常挑剔，得依靠一种特殊的真菌才能获得生长所需的能量。幸运的是，一次偶然的机会让它们在屋顶花园的土壤里找到了合适的真菌。就这样，这些种子在异国他乡发出了芽，扎下了根，最后绽放出了娇艳的花朵。

随着全球气候的持续变暖，将会有越来越多的生物像这些兰花一样离开自己的家乡，去寻找新的生存之地。但并不是所有植物都会受到新环境的欢迎，人们担心它们可能带来的问题，比如生长过快而占用太多空间，对当地造成危害。有些植物则会像这座空中花园里的兰花一样，被马克这样的人珍视——他们为各种各样的野生生命创造生存的空间，即便是在看起来不太可能的地方。

大蓝蝶的秘密营救

1979年，一种美丽的蝴蝶——大蓝蝶从英国乡村销声匿迹了。它们消失了，原因是有太多人想将它们收入囊中，制成收藏柜里的完美标本。经过多年的研究，一位眼尖的科学家发现了一个神奇的秘密，而那正是帮助大蓝蝶“复活”的关键。

在生命最初的几个星期里，大蓝蝶的幼虫以野生百里香的花头为食——雌性大蓝蝶通常会把卵产在那里。接着，幼虫会掉落到地上，并分泌一种带有甜味的液体，使自己闻上去像是蚂蚁的幼虫——它们甚至还能模拟蚂蚁的动静，让自己的伪装变得更加可信。这样一来，被骗的蚂蚁就会把大蓝蝶幼虫搬运到自己的地下巢穴里，而在那里，这些大蓝蝶幼虫会以真正的蚂蚁幼虫为食。大约10个月后，大蓝蝶幼虫破土而出，蜕变为蝴蝶。蝴蝶专家杰里米·托马斯第一个意识到，只有一种红蚁能轻易上大蓝蝶的当，而那正是拯救大蓝蝶的突破口。

杰里米的团队从瑞典收集大蓝蝶的卵，并将其带到了英国的一个绝密地点——他们在那里复原了大蓝蝶的栖息环境。现在，大蓝蝶在英国的好几个地方都恢复得不错。

这些年，在自然资源保护者们的辛勤工作下，其他一些稀有品种的蝴蝶也在英国各地翩翩起舞起来，比如橙红斑蚬（xiǎn）蝶。橙红斑蚬蝶并没有灭绝，但已经变得十分罕见。为了帮助这种蝴蝶，自然资源保护者们一直在努力为它们重建家园——阳光充足、开满报春花和黄花九轮草的空旷林地，这样的环境才能让它们的幼虫有合适的栖息地和充足的食物来源。令人欣慰的是，在人们的努力下，这种蝴蝶的数量也慢慢回升了。

寻找丑角蟾蜍的"超能力"

从远处眺望哥伦比亚北部的加勒比海海岸，可以看到一座被森林覆盖的巍峨山脉，那里栖息着吼猴、西猯、美洲豹和貘（mò）。其实不只如此，这座圣玛尔塔内华达山脉是许多野生动物的共同家园，其中也包括两栖动物，比如玻璃蛙和雨蛙——它们几乎只在这一片区域出没。此外，人们还在这里发现了至少4种丑角蟾蜍。丑角蟾蜍是世界上最濒危的两栖动物之一，但在哥伦比亚的这座山上，它们的数量还算可观。它们究竟是如何生存下来的呢？

20世纪80年代，一种可怕的疾病在世界各地的两栖动物之间传播。这种致命疾病的病原体是一种叫蛙壶菌的真菌，它会感染青蛙、蟾蜍、蝾螈（róng yuán）等两栖动物的皮肤，使它们无法获取生存所必需的盐分，最终，它们的心脏会停止跳动。小小的蛙壶菌导致许多两栖动物种群崩溃，甚至走向灭绝，其中就包括多种丑角蟾蜍。这也是后来科学家们得知圣玛尔塔内华达山脉的情况后感到如此惊喜的原因——那里竟然藏着如此多的丑角蟾蜍，而且它们都很健康，它们中的星夜斑蟾，甚至有30年没在科学家们的视线里出现过了。这些蟾蜍对当地的原住民阿尔瓦科人来说是十分神圣的。2019年，阿尔瓦科人才终于允许科学家们观察和拍摄这些蟾蜍。

现在，科学家们正在努力研究哥伦比亚的这群丑角蟾蜍是如何逃过致命蛙壶菌的感染的。在阿尔瓦科人的悉心保护下，它们或许自己发展出了一套防御蛙壶菌的方法也说不定。无论真相如何，丑角蟾蜍都可能是拯救世界上其他濒危两栖动物的关键。

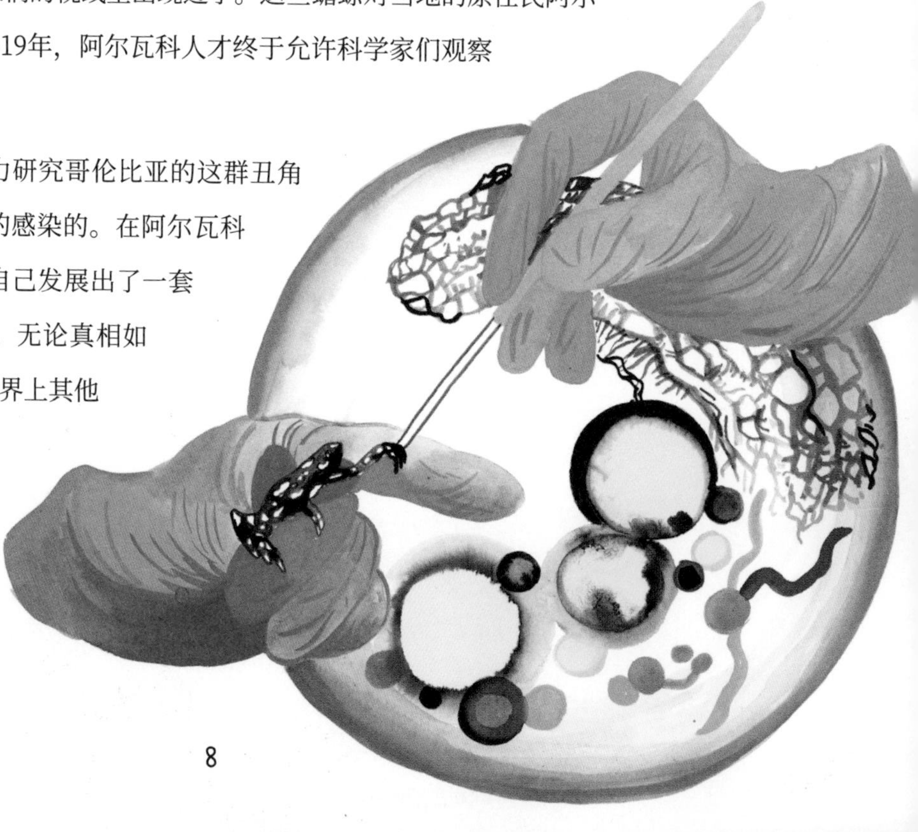

欣欣向荣的珊瑚礁之家

想象一下，如果能像鱼儿一样自由自在地在大海中徜徉，那将会是怎样的感觉！虽然海洋里没有实质的界线或围栏阻隔海洋生物们游走，但它们往往无法逃脱大型工业渔船的过度捕捞。不过，自然资源保护者们发现，在部分海域限制捕捞，是有助于整个生态系统恢复的。海洋保护区就是那些明令禁止捕鱼的地方，这些地方即使有的规模很小，也足以发挥出色的作用。

几十年前，在墨西哥加利福尼亚湾一个名叫卡波普尔莫的地方，那里的珊瑚礁因过度捕捞而受到了严重破坏。当地渔业社区的人们决定开展珊瑚礁生态修复工作，并向墨西哥政府寻求了帮助。在大家的共同努力下，卡波普尔莫国家公园正式建成了。这个国家公园就坐落在卡波普尔莫小村庄附近，如今，它已成为世界范围内闻名遐迩的海洋保护成功案例。

卡波普尔莫是众多海洋生物的家园，这里有鲨鱼、鳐、鹦哥鱼、鳞鲀（tún）、笛鲷（diāo）、箱鲀等。乔氏喙（huì）鲈也把这里的珊瑚礁当作庇护所。之前，这种大型鱼类很少在这片海域出没，但现在它们在安全的卡波普尔莫活的时间更长，也产下了更多后代。

海洋生物学家们通过潜水统计卡波普尔莫的鱼类数量，并计算它们的生物量——也就是它们的总重量。仅仅过了14年，这里的生物量就比原来增加了463%！即便在其他海洋保护区内，如此惊人的鱼类恢复状况也是十分少见的。卡波普尔莫的成功，要归功于当地的渔业社区，他们保护珊瑚礁的行动，为众多海洋生物保住了家园。

火山口的生命之花

在夏威夷最高的火山——莫纳克亚山的顶峰附近，科学家们一直在竭尽全力拯救一个物种。那些被称为植物学家的植物专家们，用攀岩绳索把自己从陡峭的悬崖顶端下放到狭窄的谷地里，一次又一次，只为了寻找一种极其稀有的、银光闪闪的植物。这种植物可以活90多年，一生只开一次花。

这种植物的夏威夷名字是“阿依娜依娜”(Āhinahina)，也被称为银剑草。过去，莫纳克亚山上到处都长着银剑草，它们的叶片上覆盖着大量的银白色柔毛，可以反射炽烈的阳光，帮助它们在干燥、多灰的火山荒漠中生存下来。然而200多年前，欧洲的航海家们把山羊和绵羊带到了这里，它们几乎把这种特殊的植物吃了个精光。到了20世纪90年代，银剑草已经所剩无几，幸存下来的都藏在人类难以接近的地方。

植物学家们挂在攀岩绳索上，在悬崖峭壁间四处搜寻银剑草的花朵，小心翼翼地采集它们黄色的花粉，再用画笔的笔刷将这些花粉转移到远处的其他花朵上——这原本是蜜蜂和飞蛾的工作。之后，植物学家们会再去收集授粉后结成的种子，把它们种在温室里，然后把长出的幼苗重新挪到山上。现在，生长在野外的银剑草数量已经比几十年前多一些了。但情况并非已经彻底好转，因为外来的蚂蚁和黄蜂威胁到了本会为银剑草传粉的蜜蜂与飞蛾的生存，没有了这些本土传粉者，银剑草仍不断需要人类的援助之手。

重返沙滩的海龟

在新型冠状病毒肆虐期间，很多人待在家里，野生动物也因此有了更多的安静空间。在泰国普吉岛，平时总是熙熙攘攘、游人如织的海滩安静了下来，酒店也纷纷关门歇业。在没有了商业灯光的漆黑夜色里，一些稀有的“访客”到来了。

11只巨大的雌性棱皮龟爬到海滩上产卵。那一年，有351只小海龟爬出巢穴，在月光的指引下奔向波光粼粼的大海。要知道，普吉岛已经有20年没有迎来如此多的筑巢海龟了。毫无疑问，酒店的明亮灯火会让刚刚孵化出来的小海龟感到困惑，并把它们引向内陆——而不是它们该去的大海。筑巢的雌海龟须要在安静和黑暗的环境中产卵。虽然因为新型冠状病毒肺炎疫情的影响，在泰国和其他很多地方，海龟筑巢的数量都有所增加，但科学家们担心，疫情过后，如果我们不对旅游业加以控制，事情还会回到原点。

好消息是，有迹象表明，近60年来，得益于各种保护措施的实施，一些种类的海龟数量正在慢慢恢复。水肺潜水员们在太平洋岛屿周围清点海龟数量时，发现绿海龟的身影确实有所增加。以前，人们为了海龟的肉、壳和蛋而捕杀它们，现在，它们在世界各地都受到法律保护。过去，许多渔场也经常误捕海龟，海龟们会被渔网困住，最后窒息而死。现在，为了让海龟可以自由出入，不少渔场已经开始使用带有逃生口的渔网了。

如果我们想恢复更多的海龟种群，就要对它们进行持续的保护。在全球海平面上升的威胁之下，海龟在海滩筑巢变得更加困难，需要人类的更多关照。不仅如此，我们还须要全程监控它们漫长的成年生活，因为它们畅游的区域是广阔的大海。

见证猛虎归来

一个世纪以前，世界上大约有10万只老虎在野外悠闲地漫步。到了2010年，只剩下约3000只了。正是在那一年，一个全新的计划开始实施了，它的目标是在2022年，也就是中国的虎年，让老虎的数量增加一倍。在其中一个国家，老虎的恢复情况似乎比以前还要好得多。

当印度还是英国的殖民地时，在印度狩猎老虎是一项非常流行的体育运动。英国王室将集体狩猎当作一个皇室体育项目，猎杀了数以万计的老虎。现在，猎虎是犯法的，但对于印度的偷猎者来说，冒着入狱的风险是值得的，因为售卖老虎器官所带来的收入不菲。虎骨、虎牙、虎须、虎爪以及虎血都会被人拿去制药，尽管并没有科学证据证明它们有特殊疗效。

不过，也有很多人在努力保护印度的老虎以及它们所赖以生存的森林家园。人们已经在那里建立了50多个老虎保护区，包括位于印度西北部的伦滕波尔。这个保护区对外开放，游客为观看老虎而支付的钱，有一部分会回到附近的居民身上，这意味着当地社区也为保护这些美丽的动物而进行了投资。

每隔4年，相关机构就会统计一次老虎的数量。人们通过设置相机陷阱[①]，以及搜寻老虎爪印和粪便的方式进行调查。2018年，在距离保护计划结束最近的一次统计中，数据开始变得振奋人心——仅在印度就存活着近3000只老虎！不过，由于老虎踪迹难觅，一些科学家认为这个数据并不准确。即便如此，大多数人仍都认同一点：老虎正在印度中部的保护区里兴旺繁衍。未来，老虎的命运将会如何呢？这取决于多方因素。有更多的老虎栖息地需要保护，所有老虎制品的贸易都必须停止。无论如何，以伦滕波尔为代表的保护区所取得的积极成果，都是鼓舞大家继续努力下去的动力。

① 相机陷阱是用动作传感器、红外探测器或其他光束作为触发机关的遥控相机，多运用在生态研究领域，例如监督狩猎、观察野生动物、寻找稀有物种等。

伦滕波尔老虎保护区

寻找消失的变色龙

在这个世界上，有许多物种都“消失”了，这通常意味着人们已经有很长时间没有看到过它们了。其中一些物种可能仍存活在野外的某个角落，但科学家们没能在正确的时间、正确的地点见到它们，以证明它们还没有灭绝。为了寻找这些物种之一，一个研究小组前往了它们于一个世纪前最后一次出现的地点——位于印度洋中的马达加斯加岛。科学家们在一个又一个漫长的雨夜中艰难地搜寻，结果总是一无所获。终于有一天，幸运女神眷顾了他们。

变色龙很难被发现，特别是在马达加斯加岛西北部的干燥树林里。每年，它们的卵在短暂的雨季开始时孵化，孵化出来的小变色龙很快长大并且也产下自己的卵，然后在四五个月后走向生命的终结。为了寻找这些隐秘的爬行动物，生物学家们必须在雨季工作，尽管那时洪水会将道路淹没，很多地方还会被切断联系。

人们最后一次看到弗尔茨科变色龙是在1913年——这种变色龙以德国动物学家阿尔弗雷德·弗尔茨科的名字命名。2018年，“变色龙猎人”们冒着倾盆大雨在树林中搜寻，最后竟然在一家酒店的花园里找到了它们！该酒店的老板沙博女士表示，每年雨季到来时，她都能看到许多色彩缤纷的变色龙。

其他被认为已经在马达加斯加岛“消失”的物种还包括：一种盲蛇[1]，一种石龙子[2]，以及一种极其微小的枯叶属变色龙——这种变色龙小到能坐在你的指尖上，要找到它们无疑更难！不过，弗尔茨科变色龙的再度现身还是给我们带来了很大希望，这意味着将来我们可能找到更多“消失”的物种，甚至发现之前从未见过的新物种。

① 盲蛇是一类体形很小的蛇，外形酷似蚯蚓。

② 石龙子是蜥蜴中的一类。

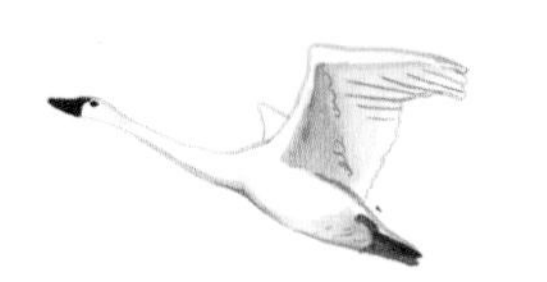

又见海草摇曳

在美国东海岸的弗吉尼亚州，有一片潟（xì）湖[1]，里面曾经生长着茂盛的、绿油油的大叶藻，但在20世纪30年代，一种危险的黏菌开始在湖水中蔓延，大量海草因此死亡。紧随其后的一场毁灭性飓风使情况雪上加霜，当地的生态系统完全陷入了崩溃。在之后数十年的时间里，湖水中丝毫不见水草的影子，直到有一天，一些科学家用水肺潜水时发现了零星几小片水草，这让他们萌生了一个想法——也许他们可以重建一片水下草场。

实际上，世界各地的浅海水域中都生长着大叶藻，它们是众多海草之一。大叶藻虽然看起来很像海藻，但其实是一种开花植物，就像陆地上的小草一样。大叶藻所绽放的微小花朵及其种子，就是它们成功回归弗吉尼亚州潟湖的关键。

从1999年起，潜水员们开始从其他健康的海草草场中收集大叶藻的种子，再将它们撒在弗吉尼亚州的海湾里。种子发芽了，绿色生态系统也随之开始重建。潜水员们陆续播撒了超过7000万颗种子，新长出的海草草场超过了3600万平方千米！随着这些海草重新扎根，很多一度消失的物种也陆续回归了弗吉尼亚州的海湾，比如扇贝、菱体兔牙鲷、银汉鱼、蓝蟹等。除此以外，小天鹅、美洲潜鸭和其他来访鸟类的身影也有所增加。可以肯定的是，生态系统正在恢复。

目前，世界上还有其他地方也在进行同样的海草修复项目，比如新西兰与威尔士。海草吸收碳的速度比雨林还要快35倍，因此，海草草场当然是越多越好。

① 潟湖是浅水海湾因为被沙洲、珊瑚礁等阻隔而形成的接近封闭的湖泊。潟湖都是咸水湖，但盐度会因为气候环境或与海水隔绝程度的不同而有所差异。

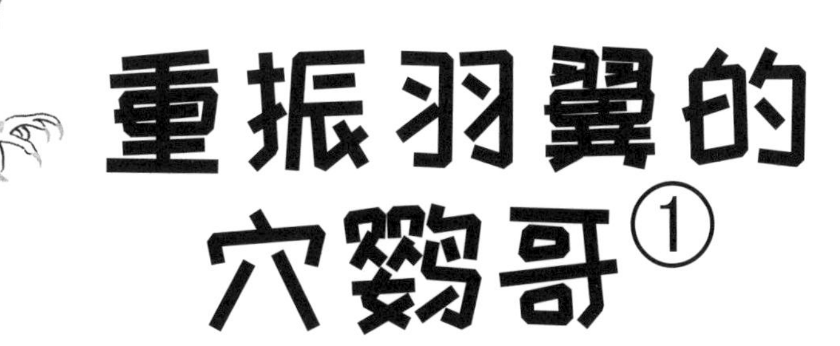

重振羽翼的穴鹦哥①

在智利中部安第斯山脉较矮的山坡上，里奥·洛斯·西普雷塞斯国家保护区拯救了濒临灭绝的穴鹦哥。约35年前，这种鹦鹉的数量只有几百只，现在则以千计数。

以前，鹦鹉贩子会顺着绳子爬下陡峭的峡谷，将长长的钩子伸进洞穴，把穴鹦哥的雏鸟偷走。缤纷艳丽的羽毛和聪明伶俐的天性使这些鹦鹉成为受欢迎的宠物。它们还是一些街头音乐家的心头好——他们会带着训练有素的鹦鹉演奏手摇式管风琴。除了这些，当地大肆扩张养牛场，导致穴鹦哥的栖息地越来越少，也成为威胁穴鹦哥生存的因素之一。

建立保护区后，保护措施开始落实，一座大型养牛场也被迁移了出去。没有了几千头牛的啃食，当地的植物开始重新生长、开花并结出种子——这些种子正是穴鹦哥的食物来源，其中染料木和解醉茶树的种子是它们的最爱。

现在，这些鹦鹉受到了应有的保护，也拥有了充足的食物，有更多小鹦鹉出生，雏鸟的存活率也提高了很多。过去，这里只有3个鹦鹉群落，随着它们的数量不断壮大，一些鹦鹉离开原来的群落，建立了新的群落。目前保护区内已经有了15个鹦鹉群落，保护区外还有2个。人们希望，鹦鹉们能尽快回归它们曾经生活过的其他地方，在原本的家园繁衍生息下去。

---

① 穴鹦哥生活在南美洲的乌拉圭、智利、阿根廷等国家，每年雨季，它们会在石灰岩或砂岩质的悬崖上挖掘洞穴，然后在洞穴里繁殖和哺育雏鸟，这也是它们被称为“穴鹦哥”的原因。

重返家园的东袋鼬

从澳大利亚悉尼沿海岸线向南驱车三小时，就能看到杰维斯湾的白色沙滩和波光粼粼的海水，那里坐落着一个欣欣向荣的野生王国——波特里国家公园。这个国家公园里生活着至少200种鸟类，从吵吵闹闹的噪吮蜜鸟到长着红尾巴的艳火尾雀，从憨态可掬的小蓝企鹅到一脸严肃的猛鹰鸮（xiāo）……除此以外，这里还有蛇颈龟、黑尾袋鼠和针鼹（yǎn），以及一种好奇心旺盛的本土动物——东袋鼬（yòu）。东袋鼬是有袋动物，背部有许多白色斑点，鼻子总是好动地嗅来嗅去，喜欢吃蜘蛛。其实，这些小家伙已经有50多年没在澳大利亚大陆上出现过了，但就在这几年，它们被重新带回了波特里。

和澳大利亚很多本土有袋类哺乳动物一样，东袋鼬的消失也要归咎于被移民引入的野猫和狐狸，它们猎食东袋鼬。幸运的是，东袋鼬在澳大利亚东南部岛屿塔斯马尼亚岛上存活了下来。不过，被带回波特里的东袋鼬并不是从野外捕获的，而是人工精心饲养的。经过几次野外放生，东袋鼬已经完全可以在澳大利亚大陆上自力更生、自行繁育了。

帮东袋鼬重返家乡的计划取得了成功，因为狐狸被挡在了波特里外面。这个国家公园归沉船湾的原住民社区所有，这些原住民世代守护着杰维斯湾的水土，他们将现代科学和传统知识相结合，帮助管理公园。

这项计划不仅仅是为了帮助一个正在消失的物种，也有助于当地生态系统的恢复。东袋鼬在食物链中扮演着重要角色，它们以蜘蛛和蟑螂为食，还能清除腐肉，甚至捕食外来的兔子。已经有太多澳大利亚本土物种永远地消失了，因为没有人及时行动，去把那些濒临灭绝的小种群从死亡线上拉回来。“东袋鼬返乡计划”再次证明了我们行动的必要性。

蓝鳍金枪重破浪

大西洋蓝鳍金枪鱼是世界上体形最大的金枪鱼，它们甚至能长到汽车那么大！这种金枪鱼有大大的眼睛和“锐利”的眼神，身体里流淌着温暖的血液。大西洋蓝鳍金枪鱼是大西洋中价值最高的鱼类之一，其捕捞量巨大，这也造成了近几十年来野生金枪鱼数量的持续下跌。不过就在最近，情况开始有所改善，这种金枪鱼的数量似乎正处在日益复苏的阶段。

蓝鳍金枪鱼拥有强健的肌肉，这让它们更适应大海里的长途迁徙或旅行，它们红色的、鲜美肥厚的肉还经常被用在日本传统食物——寿司里。在之前的几十年里，对蓝鳍金枪鱼的捕捞一直没有得到良好的管控。后来情况变得非常糟糕，科学家们提出的一系列建议和举措势在必行，捕捞量急需降低。经过诸多努力之后，大西洋蓝鳍金枪鱼的数量终于开始重新增长，该物种不再是极危物种①。

在捕捞管控下，还有3种金枪鱼的数量也有所回升，它们是黄鳍金枪鱼、长鳍金枪鱼和南方蓝鳍金枪鱼。不过，并非所有地方的金枪鱼都有如此命运。墨西哥湾的蓝鳍金枪鱼就没能从几十年的过度捕捞中恢复过来，印度洋的黄鳍金枪鱼甚至还没有得到应有的关照。在太平洋，有一种蓝鳍金枪鱼的数量跟商业活动开始之前相比仍不乐观。但无论如何，目前的情况足以表明，控制人为捕捞对恢复金枪鱼种群来说是有效的，更是必要的。少捕些鱼，就能让它们有更多繁衍生息的机会。

① 极危物种是指在世界自然保护联盟（IUCN）保护现状中被列为极危的生物，其野生种群将来绝灭的概率极高。依据物种的生存现状，IUCN共将物种的保护现状评估为9个级别，分别是：绝灭（EX）、野外绝灭（EW）、极危（CR）、濒危（EN）、易危（VU）、近危（NT）、无危（LC）、数据缺乏（DD）、未评估（NE）。

顽强坚韧的象海豹

不久前——其实已经是100多年前了——人们认为北象海豹已经永远地从地球上消失了。北象海豹是一种有能力潜入深海的巨大海洋哺乳动物，有着厚厚的脂肪和大象般长长的鼻子，它们的独特身影曾被人们逐渐遗忘……

19世纪，一些捕猎者开始在加利福尼亚州猎杀北象海豹，目的是获取它们身上的鲸脂①。那时，鲸已经越来越少见，于是象海豹就成了替代品。更重要的是，象海豹会在换毛和繁殖的时候转移到海滩上生活，因此猎捕它们要比猎捕鲸容易得多。就这样，猎人们无休止地捕杀北象海豹，直到一只都不剩下为止。1884年，北象海豹被宣布灭绝。

8年后，人们在墨西哥瓜达卢佩岛海岸发现了8只北象海豹，并杀死了其中的7只以供博物馆收藏——人们认为这个物种已经注定消亡，因此想尽力把标本留存好。不过令人松口气的是，剩下的那一只北象海豹并不是人们以为的最后一只。

在太平洋某个人迹罕至的地方，更多的北象海豹幸存了下来。科学家们从未发现过它们，捕猎者们也已经放弃了寻找。慢慢地，北象海豹的数量开始回升，它们甚至重新回到了美国的岛屿和海岸。现在，这种动物受到严格保护，数量已经超过15万头。不过，人们还是对它们的未来感到担忧，因为它们仍面临着疾病和污染的威胁——好在这些威胁不会再次置它们于灭绝之地。象海豹们最需要的，其实只是人类“不打扰”的温柔相待。

① 鲸脂是从鲸类、鳍足类、海牛目等海生哺乳动物的皮下产出的脂肪。鲸脂可以被进一步提炼为鲸油。

特殊的海鸟驱赶计划

纳米比亚沿岸的深海水域中生活着大量浮游生物和鱼类，渔业资源十分丰饶。工业渔船在此捕捞无须鳕、鲭（qīng）鱼等银色的鱼类。在捕鱼的过程中，渔船会甩出大量钓线和鱼饵，很多海鸟也会“闻香而来”，它们会在快速俯冲和抢食鱼饵时受到伤害。长期以来，有成千上万的海鸟因此丧命。没有人愿意看到这样的事情发生。为了保住海鸟们的性命，渔业部门须要想办法吓跑它们。

在世界各地，海鸟因为被渔网缠住或被鱼钩挂住而溺亡的事件都时有发生，但纳米比亚无须鳕渔场的情况尤为严重，对海鸟们来说，这里曾是世界上最危险的渔场之一。每年，至少有2万至3万只海鸟在此丧命，其中不乏受威胁物种①，如大西洋黄鼻信天翁和白颏（kē）风鹱（hù）。

和许多工业化渔场一样，这里的渔船都是大规模作业的，所布下的延绳②有几千米长，上面挂着上万个鱼钩，每个鱼钩上都有鱼饵。这样一来，阻止海鸟夺食鱼饵似乎就成了一个极其艰难的任务。但实际上，问题的答案很简单——只要把色彩鲜艳的飘带绑到延绳上，就能吓跑大部分海鸟。除此之外，增加重量也能使延绳快速下沉，那些拍打着翅膀的鸟儿就够不着延绳和上面的鱼饵了。

就这样，在国际鸟盟信天翁工作组的多年努力下，纳米比亚的渔船开始在作业时使用“吓鸟绳”，并获得了良好效果。海鸟的死亡率下降了98%，这意味着每年能拯救大约2万只海鸟。除此之外，这个计划还促进了纳米比亚女性事业的发展——用来驱赶海鸟的“吓鸟绳”是当地的一个妇女组织制作和销售的。信天翁工作组希望，类似的项目将来也能帮助拯救其他地方的海鸟。

---

① 受威胁物种指的是生存受到威胁、有可能在不久的将来灭绝的物种，也是IUCN保护现状中对易危、濒危和极危物种的统称。

② 延绳是南太平洋商业捕鱼中经常用到的一种工具，一般长数千米甚至数百千米，有一条主线，主线上每隔一段距离有一条下垂的支线，鱼钩就挂在支线上。

几维鸟的复苏之路

每年5月，居住在新西兰北地大区的人们都会延迟进入梦乡的时间。大家会走进如墨的夜色中，支起耳朵，仔细等待着一两声或尖锐的啸叫，或沙哑的嘶鸣——那是几维鸟的声音。借助每5年设置一次的录音设备，北地大区的人们终于能在寂静许久的空旷森林中听到回归的几维鸟之声了。

几维鸟一共有5种，它们没有翅膀，靠两条粗壮的腿走来走去，身上覆盖着浓密、蓬松如人的秀发一般的羽毛。几维鸟长着黑豆般的眼睛，视力不佳，但能通过其他感官来弥补，比如灵敏的嗅觉。它们有长长的喙，喙的末端长着鼻孔，可以嗅闻到食物。这些年来，几维鸟受到森林家园被毁和被捕食者猎捕的威胁。在人类到来之前，除了几种无害的蝙蝠，新西兰几乎没有本土哺乳动物。但随着越来越多的人登上这些岛屿，猫、狗、老鼠、白鼬等掠食者也被带了过来，使这里的情况发生了改变。狗总是无法抗拒几维鸟的气味，忍不住去追逐和捕食它们，而白鼬会直接吃掉几维鸟的雏鸟。

曾经，新西兰的土地上栖息着约1200万只几维鸟，现在却只剩下不到10万只了。北地大区是唯一没有设置围栏保护，且并非地处偏僻岛屿，但可以让几维鸟安心生活的地方。当地的社区在合力保护几维鸟，包括抓捕啮齿动物、野猫等有害动物，呼吁大家管理好自己的宠物狗，等等。相应地，人们的努力也正在得到回报。在旺阿雷角，几维鸟的数量已经从过去的80只增加到了现在的1000多只。与此同时，其他一些本土动物也在保护几维鸟的行动中受益，比如扇尾鹟（wēng）和褐鸭，它们也和几维鸟一样栖息在新西兰的森林里。

大砗磲（chē qú）看起来很像海床上绽放的满是皱纹的微笑，“嘴唇”上还涂抹着闪闪发亮的、绚丽的唇彩，有绿松石色的、翠绿色的、孔雀蓝色的，等等。它们是蜗牛和扇贝的近亲，也是世界上最大的贝类，体重跟两头小象差不多。在世界许多地方的珊瑚礁上，大砗磲都已经变得十分少见了，因为人们食用它们，还把它们巨大的壳当作装饰品。40年前，在菲律宾群岛附近，大砗磲几乎消失了，直到一组海洋生物学家介入。

当菲律宾大学的埃德加多·戈麦斯意识到大砗磲正在从自己的国家消失时，他开始向附近岛屿上的其他海洋生物学家寻求帮助。在所罗门群岛和帕劳，这些巨大的贝类生活得更好。那里的人们收集了大砗磲的宝宝（一种体形很小，可以四处游走的幼体），然后送到埃德加多那里。埃德加多的团队把这些幼体养在专门的水族箱里，直到它们长到人的手掌那么大。然后，这些小大砗磲被转移到海底的育苗区，在那里，它们可以在铁笼子里安全地长大，而不用担心被其他海洋生物吃掉。当小大砗磲终于长到足够大，可以独立生存时，埃德加多的团队又把它们放到了菲律宾各地的珊瑚礁上，从而让大砗磲避免了灭绝的命运。

现在，菲律宾仍在人工培育大砗磲，那里有一个7个足球场那么大的海底育苗区，里面培育着大约3万只大砗磲。慢慢地，有越来越多的人喜欢上了这些“大蛤蜊（gé lí）”，并开始懂得在它们活着时欣赏它们的美丽。菲律宾大学还发起了一个认养大砗磲的计划，这样不仅可以筹集到更多资金，还能让更多的人了解这些温柔的海底“巨人”。

慢速蜗牛的极速拯救行动

在太平洋中部的一片热带岛屿上，曾生活着数十种小蜗牛。当地人会收集它们螺旋状的空壳，用来制作在传统庆典上使用的冠饰和项链。一些研究蜗牛多样性的科学家意识到，这些蜗牛正在走向消亡。为了拯救这些行动缓慢的蜗牛，科学家们必须迅速采取行动。

波利尼西亚树蜗牛——科学家们将其命名为“帕图螺”——是在“蜗牛吃蜗牛”的故事中走向灭亡的。数十年前，人们将非洲大蜗牛作为食物引入了波利尼西亚群岛。但是很快，这种大型蜗牛就逃了出去，并开始啃食当地的植物。人们放出玫瑰蜗牛去捕食非洲大蜗牛，但它们却开始吃起帕图螺来。

在明白了帕图螺消失的原因后，科学家们立刻开始收集尽可能多的帕图螺种类，并把它们运送到世界各地的动物园。许多种帕图螺灭绝了，但也有一些幸存了下来。

帕图螺的人工繁育工作取得了巨大成功。在伦敦动物学会的组织下，动物园的管理员们开始共享知识，一起研究怎么把塑料容器里的蜗牛养得更好。你可以在欧洲和北美洲许多城市的动物园里看到受保护的帕图螺，比如伦敦（英国）、里加（拉脱维亚）和底特律（美国）。帕图螺保护计划不仅仅是为了人工饲养蜗牛以供人观赏，更是为了让蜗牛真正回归自然。现在，已经有数以万计的帕图螺被带回波利尼西亚，并被放归野外。

其实，太平洋的其他岛屿上也在上演着类似的故事，包括夏威夷。为了控制大型陆生蜗牛，人类也在那里释放了玫瑰蜗牛。一些夏威夷树蜗牛已经灭绝，但也有一些被人工饲养，并被放归到偏僻森林的秘密基地里。科学家们希望，帕图螺和其他树蜗牛都能够大规模回归自然，并再次成为岛屿文化与当地传统的灵魂所在。

护佑秃鹫重展臂膀

秃鹫（jiù）通常在多风的、热气流盛行的环境中翱翔——你也许能在满足这些条件的高空中发现它们的身影。可它们正在慢慢消失，而且消失速度比世界上其他鸟类都更快。在印度、尼泊尔、巴基斯坦和孟加拉国，秃鹫接二连三地死去，没人知道其中的原因。后来，一组来自巴基斯坦和游隼基金会的研究人员发现了真相——这些猛禽是被毒死的。

这些秃鹫并不是被故意“谋害”的，它们之所以会死去，是因为当地的农民给生病的牛吃了一种可以缓解疼痛、治疗炎症的药物。在亚洲，有些地方的人会用传统方法处理死去的牛——把尸体留给秃鹫。秃鹫会为大自然提供免费的“动物殡葬服务”。只需要一个小时，一小群秃鹫就能把一整头牛身上的肉处理得干干净净，只剩下光秃秃的骨头。但如果一头牛在去世的几天前刚好服用过这种药物，那么它的肉对秃鹫来说就是致命的——这些大鸟会因肾衰竭而死。

非洲白背兀鹫、黑兀鹫、长喙兀鹫和白秃鹫的数量都在大幅下降，这不仅威胁到了这些物种本身的生存境况，也影响了整个生态系统和人类生活。没有秃鹫来清理牲畜的尸体，成群的野狗就会取而代之，而野狗很容易传播狂犬病病毒。狂犬病是一种致命的疾病，通常由动物传染给人类，人被染病动物抓伤或咬伤时都有可能感染。

在科学家们找到问题的根源后，许多国家都禁止了这种药物的使用。与此同时，人们也给生病的牛找到了替代疗法，而且这些疗法对秃鹫是无害的。渐渐地，秃鹫危机出现了扭转。

科学家们会在同一条道路上来回缓慢行驶，标记秃鹫，监测它们的位置，并清点它们的数量。人们发现，已经有越来越多的秃鹫展翼高飞。在塔尔沙漠[①]，秃鹫的情况看起来也不错。人们还设立了几个秃鹫安全区，让它们可以尽情享用死牛——这些牛都是自然死亡的，而且没有使用过药物。相信在这样的悉心护佑下，未来会有更多的秃鹫翱翔于天际。

① 塔尔沙漠是南亚的一个沙漠，位于印度和巴基斯坦境内。

漫步于故土的弯角剑羚

弯角剑羚是一种长着华美的、状如弯刀的长角的羚羊。近几十年来，它们在非洲撒哈拉沙漠边缘的野生栖息地灭绝了。经过多年的战乱，当那里的捕猎终于失去控制时，它们消失了。不过，也有成群的剑羚获救并被送往世界各地的动物园和牧场，人们希望等情况稳定下来以后，其中一些剑羚能被重新送回家乡。

当剑羚被圈养起来后，世界各地的自然资源保护者都在共同努力，避免这些动物近亲繁殖。近亲繁殖容易发生在小规模的剑羚群体，以及关系太过紧密的成年剑羚之间，从而导致群体里出现健康问题。后来，不同国家的圈养剑羚被送往阿布扎比①，目的是建立一个具有丰富多样性的“世界种群”，这样可以帮助这些动物在回归自然后也能生存下来。

2017—2018年，弯角剑羚被放归到中非国家乍得，那里是它们曾经悠闲漫步过的地方。这些弯角剑羚生活在一个大型自然保护区里，那里有适合它们的栖息地，它们很快就定居下来。除了弯角剑羚，这个保护区里还栖息着其他许多濒临灭绝的沙漠动物，例如小鹿瞪羚和苍羚。可以说，这里是剑羚们的希望之地。保护区里的动物都被戴上了电子项圈，这样自然资源保护者们就可以追踪和了解它们的情况了。令人欣喜的是，这些弯角剑羚回归野外后不久，一些雌性弯角剑羚就生下了小羚羊，那也是近30年来第一批出生在野外的弯角剑羚。

---

① 阿布扎比是西亚国家阿拉伯联合酋长国的首都，也是阿拉伯联合酋长国之阿布扎比酋长国的首府。

我们的野生栖息地

森林

树木是令人惊叹的绿色巨人，向阳而生，追光不止。它们能从阳光中获取能量，不只为自己，也为依靠它们而活的“芸芸众生”——红毛猩猩、大猩猩、狐猴、巨嘴鸟、松鼠、蛇，甚至袋鼠等生物——提供生存所需的食物。到了地下，树根与真菌形成的巨大生态网络能让树木之间交流信息、分享食物、相互照顾——彼此组成一个森林大家庭。这种“树联网”就像是大自然的万维网，能把森林中所有的树木都紧密联系起来。

森林可以被分成不同的类型。热带雨林常见于赤道附近的潮湿地带，某些种类的老虎和帕图螺就生活在这种森林里。有些森林地处较为凉爽的地方，里面可能栖息着几维鸟和银弄蝶[①]。当然，一些坚韧的树木也能在干燥的地方构成森林，那里一年到头都不会有多少雨水，比如弗尔茨科变色龙所生活的马达加斯加树林。即便到了寒冷的两极地区，我们也能看到树木的身影，它们能形成北方针叶林，也叫寒温带针叶林或北寒林，那里是乌林鸮（xiāo）、熊和猞猁（shē lì）的家园。森林既有四季常青不败的，也有定期落叶然后长出新叶的。在我们的地球上，

① 银弄蝶是一种喜欢生活在林间的蝴蝶，它们翅膀向上的一面多为深棕色，有橘黄色的纹路和金色的斑点。

有三分之一的陆地被森林覆盖，而在所有陆生生物中，80%的物种都生活在森林里。对地球上的生物多样性而言，森林是极为重要的。

森林能净化我们用来呼吸的空气，在应对气候变化方面也至关重要。树木能从大气中吸收大量的碳，并将其储存在树干和土壤里。如果树木被砍伐或焚烧，碳就会以二氧化碳的形式跑出来，它们会不停地吸收热量并阻隔热量散发出去，从而使地球的温室效应愈加严重。除此以外，树木还能为人类提供就业机会、食物和原材料，对于森林地区的居民来说尤其如此，他们与家园土地上的树木有着特殊而深刻的联结。

令人难过的是，如此宝贵的森林却常常因为乱砍滥伐而惨遭破坏。与此同时，森林火灾也变得越来越频繁，背后的原因可能是气候变化使森林变得干燥。这些问题不仅威胁到森林本身，也关乎生活在森林里的动物们的命运。因此，我们须要采取实际行动拯救和保护森林，这是重要且紧迫的事。

好消息是，一旦我们不再人为地干涉森林，树木就会重新生长出来。在加拿大、中部非洲地区、蒙古国和巴西，森林都在自然再生。这些正处在恢复期的森林，面积已经能与法国的国土面积相当了。随着新的森林对话项目和自然保护区（保护树木免遭砍伐）的不断建立，我们星球上的森林有了新的希望。不过无论如何，未来还有更多保护任务等着我们去完成！

我们的野生栖息地

海洋

我们的地球是一颗蔚蓝色的星球，因为它的表面有四分之三被水体覆盖，其中绝大多数是海水。人们把海洋分成了4个区域：太平洋、印度洋、大西洋和北冰洋，当然它们也可以继续被划分成更小的海域，比如加勒比海和北海。

海洋波澜壮阔，生活在里面的生物不计其数，它们的形貌、大小也存在着天差地别。比如，海里有巨大的蓝鲸和它们吃的一种叫浮游生物的微小生物，有浑身是刺的海胆，有柔柔软软、没有骨头的水母，有彩虹色的蝴蝶鱼，有通体乌黑的巨口鱼……有些海洋生物喜欢在固定的区域里生活，不会跑得太远，比如海马；有些则喜欢长途旅行，比如海龟。

海洋里有许多重要的栖息地。据统计，大约有四分之一的海洋生物依赖珊瑚礁存活。珊瑚本身也是有生命的，上面有成千上万的珊瑚虫，它们是水母和海葵的“亲戚”。珊瑚礁结构坚固，能保护海岸免受海上风浪的侵蚀。除了珊瑚礁，红树林也是重要的栖息地。组成红树林的树木，其根系能够适应高盐度的海水，许多小鱼就藏在水下的树根之间，等长大后再迁移到开阔的海域里。红树林能储存大量的碳，减缓气候变化。水下草甸也是如此。在寒冷的海域中，海带这样的大型藻类会组成大片“水下森林”，不仅能为海獭、章鱼、鲨鱼、多腕葵花海星[1]等生物提供食物，也是它们的

① 多腕葵花海星是一种外形很像盛开的向日葵的海星，曾广泛分布于美国阿拉斯加至墨西哥下加利福尼亚的海域中，后来因一场海洋野生动物流行病而数量锐减，目前已是濒临灭绝的极危物种。

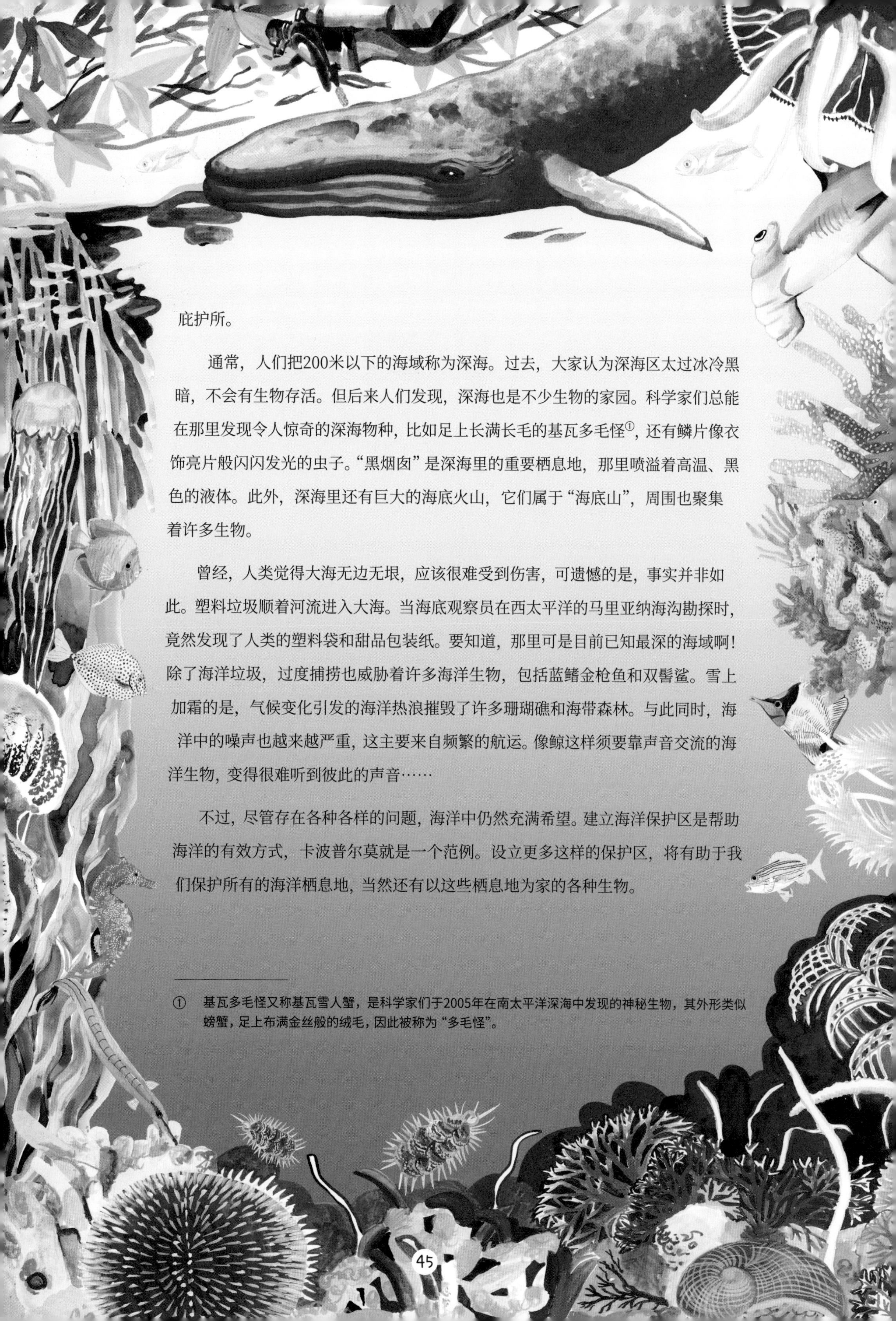

庇护所。

通常，人们把200米以下的海域称为深海。过去，大家认为深海区太过冰冷黑暗，不会有生物存活。但后来人们发现，深海也是不少生物的家园。科学家们总能在那里发现令人惊奇的深海物种，比如足上长满长毛的基瓦多毛怪[①]，还有鳞片像衣饰亮片般闪闪发光的虫子。“黑烟囱”是深海里的重要栖息地，那里喷溢着高温、黑色的液体。此外，深海里还有巨大的海底火山，它们属于“海底山”，周围也聚集着许多生物。

曾经，人类觉得大海无边无垠，应该很难受到伤害，可遗憾的是，事实并非如此。塑料垃圾顺着河流进入大海。当海底观察员在西太平洋的马里亚纳海沟勘探时，竟然发现了人类的塑料袋和甜品包装纸。要知道，那里可是目前已知最深的海域啊！除了海洋垃圾，过度捕捞也威胁着许多海洋生物，包括蓝鳍金枪鱼和双髻鲨。雪上加霜的是，气候变化引发的海洋热浪摧毁了许多珊瑚礁和海带森林。与此同时，海洋中的噪声也越来越严重，这主要来自频繁的航运。像鲸这样须要靠声音交流的海洋生物，变得很难听到彼此的声音……

不过，尽管存在各种各样的问题，海洋中仍然充满希望。建立海洋保护区是帮助海洋的有效方式，卡波普尔莫就是一个范例。设立更多这样的保护区，将有助于我们保护所有的海洋栖息地，当然还有以这些栖息地为家的各种生物。

① 基瓦多毛怪又称基瓦雪人蟹，是科学家们于2005年在南太平洋深海中发现的神秘生物，其外形类似螃蟹，足上布满金丝般的绒毛，因此被称为“多毛怪”。

我们的野生栖息地

极地

南极和北极地区是地球上最寒冷的两个地方之一，它们分别位于地球的南北两端。布满冰雪的大地，漂浮着冰山的海洋，即便环境已经如此极端，也还是会有生物选择栖息在那里。

北极熊生活在北极地区覆盖着冰层的海域上，它们在浮冰上漫步，等待着捕捉浮出水面呼吸的海豹。除了海豹，一角鲸也会出现在北极熊的食谱上。一角鲸的头上长着一根长长的角，不过那其实并不是真正的“角”，而是一颗特化的牙齿。如果你仔细观察，会发现这颗牙齿上还有一圈一圈的螺旋状纹理。关于一角鲸如何使用自己的长牙，目前为止还是一个谜，也许用于狩猎，也许用于同类间的感知或打斗。同样生活在北极地区的还有弓头鲸，它们靠厚厚的皮下脂肪（鲸脂）御寒，不过有时它们也会觉得热，须要用张着嘴巴游来游去的方式降温。

有些动物在北极地区冰冷的土地——苔原上躲躲藏藏，那里也被称为“冻原”，意思是寒冷、空旷、没有一棵树的地方。北极狐和雪鸮在那里搜寻猎物，比如一只北极兔。

而到了南极地区，动物的种类就有些不一样了。南极地区生活着许多种企鹅，如纹颊企鹅、白眉企鹅、阿德利企鹅等。帝企鹅是所有企鹅中体形最大的，身高能达一米多。南极的冬季格外寒冷，黑夜也格外漫长，帝企鹅们会在冰面上

紧紧地挤在一起，防风御寒，保护企鹅蛋。

和北极地区不同，南极地区有一块广阔的大陆——南极洲。南极洲被冰雪覆盖，四周环绕着冰冷的海水，磷虾是生活在里面的重要生物，它们是螃蟹和龙虾的近亲。如果从高空俯瞰，甚至能看到海水里的巨大磷虾群！鲸、海豹和许多鱼类、海鸟都以磷虾为主要食物，人类也会使用大型船只和巨型渔网捕捞磷虾，然后把它们碾碎，制成宠物和养殖鱼（比如鲑鱼）的饲料。

虽然南北两极相距甚远，但还是会有一些物种同时存在于这两个地方，比如虎鲸和北极燕鸥，后者甚至在两地之间来回迁徙！每年，北极燕鸥都会从北极飞往南极，它们一生中的飞行距离，相当于在地球和月球之间往返3次！

目前，极地地区面临的最大威胁是气候变化。在两极的部分地区，气候变暖的速度要比其他地方快得多。北极永冻层[①]的冻土已经开始融化并释放出甲烷——一种类似二氧化碳的温室气体，会加重气候变暖。融化的冰也越来越多，上升的海平面会影响世界各地的海岸线和岛屿，进而影响野生动物和人类的生活。极地地区的冰雪能反射太阳辐射，帮助地球降温，因此保护这些特殊的生物栖息地是非常重要的。现在，世界各地的环保人士也在寻找应对气候变化的方法，希望能给南北两极地区，以及生活在那里的生物们创造更美好的未来。

---

① 永冻层是指地表以下连续多年保持冻结状态的土石层，主要分布在高纬度地区（如北极和南极地区）和高海拔地区（如喜马拉雅山脉），这些地区的气温常年较低，使得地表下的水分无法融化。

我们的野生栖息地

湿地

淡水细细流过、倾注、汇入和浸润大自然中被称为湿地的地方，那里聚集着许多令人惊叹的野生动物。湿地有河流、湖泊、溪流、池塘、盐碱滩、沼泽等，总面积约占地球表面积的6%，但至少有10万个物种栖息其中。

南美洲的亚马孙河是世界上流量最大的河流，也是海牛、巨獭、亚马逊河豚等生物的家园。值得一提的是，亚马孙河里还有一种会吠叫和咕咕叫的鱼，人们称其为“红腹食人鱼”。在非洲，维多利亚湖、坦噶尼喀湖和马拉维湖中栖息着数千种颜色艳丽的慈鲷，它们有的把卵产在水下生物的空壳里，有的则把卵含在自己的嘴里进行孵化。

总的来说，世界上有一半以上的鱼类生活在湿地里，剩下的生活在海洋里，还有一些会在二者之间进行长途旅行，比如鳗鱼。鳗鱼在海里出生，然后逆流而上，游走数千千米到达陆地上的水域，在那里落脚并长大。若干年后，当鳗鱼准备寻找配偶时，会重新游回大海。

湿地靠流动的水与海洋相连，这就是我们所说的“水循环”。当大海被阳光“加热”时，水会蒸发到空气中，盐则会继续留在海里。水汽凝结成云，并最终形成雨，降落到地表上，填满地球各处的湿地。然后，水又会沿着小溪与河

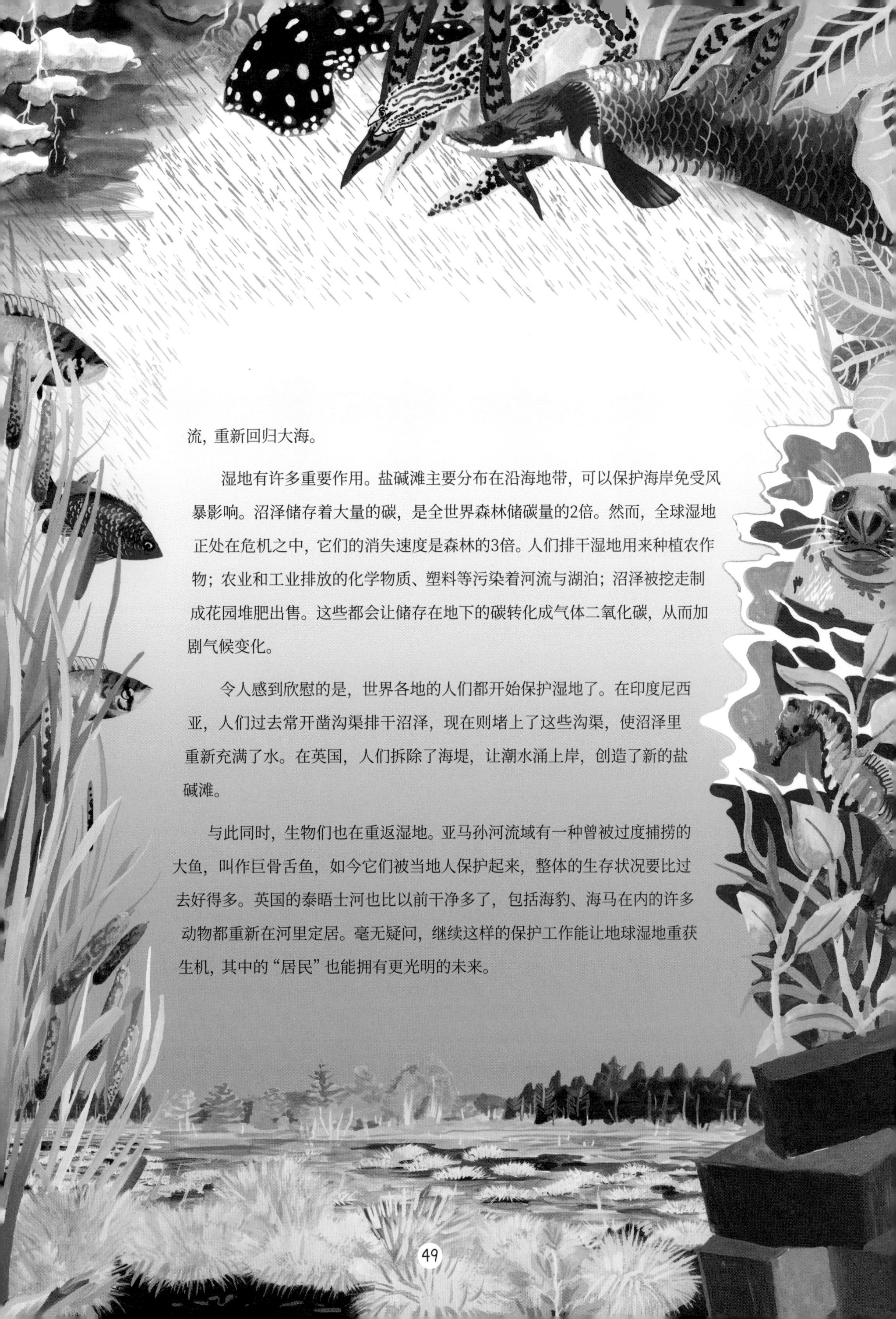

流，重新回归大海。

湿地有许多重要作用。盐碱滩主要分布在沿海地带，可以保护海岸免受风暴影响。沼泽储存着大量的碳，是全世界森林储碳量的2倍。然而，全球湿地正处在危机之中，它们的消失速度是森林的3倍。人们排干湿地用来种植农作物；农业和工业排放的化学物质、塑料等污染着河流与湖泊；沼泽被挖走制成花园堆肥出售。这些都会让储存在地下的碳转化成气体二氧化碳，从而加剧气候变化。

令人感到欣慰的是，世界各地的人们都开始保护湿地了。在印度尼西亚，人们过去常开凿沟渠排干沼泽，现在则堵上了这些沟渠，使沼泽里重新充满了水。在英国，人们拆除了海堤，让潮水涌上岸，创造了新的盐碱滩。

与此同时，生物们也在重返湿地。亚马孙河流域有一种曾被过度捕捞的大鱼，叫作巨骨舌鱼，如今它们被当地人保护起来，整体的生存状况要比过去好得多。英国的泰晤士河也比以前干净多了，包括海豹、海马在内的许多动物都重新在河里定居。毫无疑问，继续这样的保护工作能让地球湿地重获生机，其中的“居民”也能拥有更光明的未来。

我们的野生栖息地

荒漠、草原和稀树草原

地球上分布着大大小小的荒漠，从又见秃鹫展翅高飞的塔尔沙漠，到弯角剑羚重新漫步的撒哈拉沙漠，我们的地球约有五分之一的表面被荒漠覆盖着。

荒漠里可能很炎热，也可能很寒冷——有时，这两种情况甚至会在同一天出现。在亚洲的戈壁滩，夏季气温可能高达40摄氏度，冬季气温则可能低至零下20摄氏度。除了剧烈的温差，荒漠还可能连着好几个月不下雨，因此总是很干燥。不过这难不倒生活在那里的动物和植物，它们有着独特而惊人的生存之道——既不会被“晒干”，也不会被“烤熟”，更不会被“冻成冰块”。

生活在撒哈拉沙漠里的耳廓狐就是个很好的例子。它们长着大大的耳朵，可以帮助散热，给身体降温；厚厚的皮毛能在灼热的沙地里保护它们，还能在晚上为它们御寒保暖。和许多沙漠动物一样，耳廓狐白天待在凉爽的地下洞穴里，夜晚才出来活动和觅食。它们不喝水，而是从食物中获取所需的水分。

沙漠中还存在着一些令人意想不到的动物，比如鱼和蟾蜍。在美国死亡谷的洞穴地下湖里，就生活着一种名为魔鳉（jiāng）的小鱼。在澳大利亚西部的沙漠中，沙漠锹（qiāo）足蟾蜍能在地下休眠好几个月，它们的身上覆有一层死皮形成的“茧”，有助于防止水分流失。

除了动物，沙漠中的植物也别具魅力。仙人掌用肥厚的茎来吸收和储存水分，以此在沙漠中生存。在夏威夷的山顶荒漠中，银剑草的“银白毛发”在阳光下闪闪发亮，它们能反射阳光以保持凉爽。一些植物的种子会静静地躺在地下，等下雨时再迅速冒出头来勃然生长。当花朵盛开时，披着艳丽羽毛的丽羽蜂鸟等鸟类会一头扎进花冠里，吸食里面甜甜的花蜜。有些沙漠植物还为动物提供居所，比如姬鸮就住在仙人掌茎上的洞里——那些洞竟然是啄木鸟挖的！

草原和稀树草原就像是把草地和林地混合在了一起，它们一般地处雨水较多的地方。草原和稀树草原也是各种生物的家园。坦桑尼亚的塞伦盖蒂到处都是大象、猎豹、狮子、斑马和大群的角马（一种羚羊）。世界上其他的大草原还有北美大草原、潘帕斯大草原（位于南美洲）等。

现在，荒漠、草原和稀树草原都面临着气候变化的威胁。尽管生活在这些地方的动植物们都很顽强，但如果栖息地变得更热，那它们的生存就会变得十分困难。气候变暖引发了更多的野火，破坏了这些脆弱的栖息地。尽管很多动物正在失去它们在荒漠中的家园，但由于人们也在努力保护它们和它们的栖息地，因此有些动物仍在茁壮成长。一个个振奋人心的成功故事表明，只要我们伸出援手，大自然就能重现生机。

认识这些大自然的守护者

杰里米·托马斯是一位来自英国的“昆虫侦探”（也就是昆虫学家），致力于保护各类昆虫。他曾用铺撒蛋糕屑的法子找到了红蚁的巢穴，还发现了保护大蓝蝶的关键所在。

库利人是澳大利亚沉船湾社区的原住民，也是波特里国家公园的持有者。他们是传统的自然守护者，了解许多特殊的动植物知识，还有在野外寻找食材和药材的方法。这些都是库利人世代传承下来的。

哥伦比亚索格罗姆社区的阿尔瓦科人是圣玛尔塔内华达山脉地区的原住民，他们把星夜斑蟾视为神圣之物，称它们为“古纳”。科学家们的生物保护计划少不了这些原住民的支持。

2018年，由来自马达加斯加和德国的科学家组成的团队发现了消失已久的弗尔茨科变色龙。该团队也是“归野”项目的一部分，这个项目旨在寻找、保护和恢复世界各地的稀有和失落物种。

在纳米比亚，当地的妇女组织会手工制作驱赶海鸟的装置，以保护它们不被渔船误伤。来自纳米比亚自然基金会的萨曼莎·马特吉拉会随船出海，为渔民详细展示这些装置的使用方法。

由美国海洋生物学家西尔维娅·厄尔领导的“蓝色使命”组织，将墨西哥的卡波普尔莫国家公园选为140个“希望据点”（对健康海洋至关重要的特殊地方）之一。当地人是公园的核心，他们探索珊瑚礁，热心了解和研究“家门口”的动物。

来自苏格兰海洋科学协会的苏珊娜·卡尔德兰和来自英国南极调查局的珍妮弗·杰克逊领导了南乔治亚岛的蓝鲸研究项目。她们研究鲸和海豚发出的声音，以及这些生物恢复生息的过程。

“奇异海岸”是一个由数千人参与的环保组织，致力于帮助新西兰北地大区的几维鸟。每年他们都会进行“几维鸟叫声调查”，届时，人们会仔细聆听几维鸟的叫声，并通过智能手机的应用程序报告聆听结果。

来自冈比亚的法图·詹哈建立了“TRY牡蛎妇女协会”，以支持从红树林中采收牡蛎和鸟蛤的群体。妇女们保护红树林，并能从中获得一定的收入来养家糊口。

保罗·凡丘利是一位来自意大利的渔民。当大型拖网渔船非法捕鱼并破坏海草草场时，他请艺术家雕刻了100个大理石雕像，并把这些雕像放置在海底，以防渔船再靠近。

杰奎琳·埃文斯是一场持续了5年的环保运动的领导者，该运动的目的是建立莫阿纳会堂自然保护区。这个保护区面积很大，约有200万平方千米，能照看到库克群岛周围的整片海域，保护海洋内的生物多样性。

来自菲律宾的加布·梅吉亚是一位年轻的作家兼摄影师，他创立了“湿地青年”环保组织，把30个国家的年轻人聚集在一起，共同为全球湿地保护事业献力。

来自肯尼亚的莱塞因·穆通凯在12岁时决定，以后他每在足球比赛中进一个球，就要种下一棵树。如今，他已经种下了1000多棵树，还成立了“目标树”项目。

来自蒙古国的巴亚尔贾加尔·阿格万安瑟伦在戈壁沙漠①建立了一个大型自然保护区，主要用来保护雪豹。她说服政府终止了在保护区内开发37座矿山的计划。

丽萨·卡恩在中美洲国家伯利兹成立了“希望碎片”组织。潜水员们从健康的珊瑚礁上取走小块的珊瑚碎片，把它们移植到受损的区域，它们会在那里继续生长并帮助修复珊瑚礁。

越南人泰文阮创立了“拯救越南野生动物”组织。他从非法野生动物贸易中拯救了数千只穿山甲，还成立了照顾这些穿山甲的保护中心。

① 戈壁沙漠位于中国和蒙古国之间，是世界上最北的沙漠。

在印度阿萨姆邦的乡村，普尼玛·德维·巴曼创立了“哈吉拉军”——一个完全由女性组成的草根生态保育组织，致力于保护大秃鹳（guàn），它们是世界上最稀有的鹳之一。

海洋生物学家阿里·巴德雷丁改变了黎巴嫩渔民对海龟的看法。过去，渔民会直接杀死被渔网困住的海龟；现在，在阿里的影响下，人们已经学会将海龟放生了。

埃德加多·戈麦斯在菲律宾建立了海洋科学研究所，他也是人工培育大砗磲并把它们放归野外的先驱。除了大砗磲，他还帮助拯救了好几个濒危物种。

在帝汶岛，马来西亚人阿莱塔·鲍恩带领数百位莫洛地区的妇女反对采矿公司在当地开矿，保护了森林和栖息在那里的动物们。

内蒙特·内奎莫是来自厄瓜多尔的瓦奥拉尼人，她赢得了一场法律战，保护了族人在亚马孙雨林中的家园免遭石油开采的破坏。她激励了许许多多的原住民，站出来对破坏家园的行为说“不”。

结语

“归野”仍在继续，自然的力量永不消弭

大自然是如此珍贵和重要，即使在极其艰难的时期，它也能顽强地从困境中恢复过来。通过这本书中的故事，我们了解到许多生物都重获了生机，它们有植物，有蜗牛和昆虫，还有鸟类、哺乳动物、爬行动物、鱼类等。在热心人士的积极行动和帮助下，它们的生存状况都得到了很大改善。

然而，野生世界还需要更多帮助才能获得整体的繁荣发展，我们还有很多事情要做。现在，我们已经知道了什么样的行动才是真正有效的。有时，这只是一个“停止过度捕杀动物”的问题，虽然它并不像说起来那么容易。有时，又同时存在太多问题，等着我们去寻找聪明且有用的答案。通常情况下，通过保护野生环境，能同时拯救多个物种。

世界上并没有一条能同时解决所有自然问题的完美路径，而往往须要采取许多不同的行动。我们可以共同努力，朝着正确的方向推进，用不断积累的量变最终促成质变。

野生世界仍在不断变化，需要更多新想法和新守护者的加入——无论以何种方式。也许在不久的将来，你也会成为其中的一员！

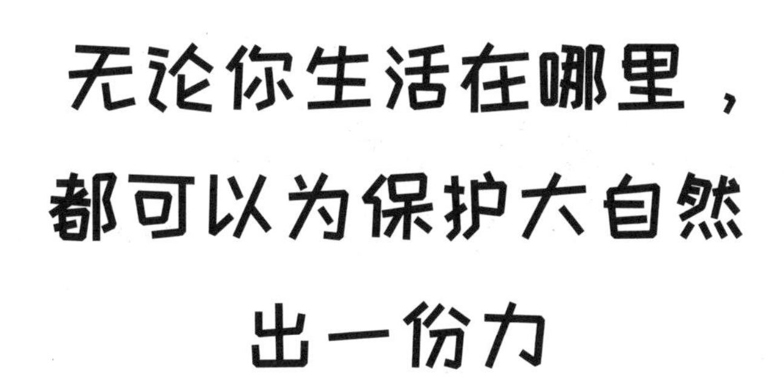

下面有一些小建议：

· 请别把无法自然降解的东西丢进马桶或水槽（马桶和水槽与河流相通，河流则与大海相连），尤其是塑料制品和有害化学物质。

· 使用含较少破坏性化学物质的洗涤剂和洗衣粉（可以找找它们包装上的环保标志），并把洗衣机设置成低温洗涤模式，这样可以节省能源。

· 减少使用一次性塑料制品，如一次性塑料杯、塑料瓶。

· 去海边时，可以参与一些海滩垃圾清理活动。

· 去海里游泳时选用环保防晒霜。

· 如果你家里有花园，可以尝试挖一个小池塘，打造和野生动物共享的湿地。

· 如果条件允许，可以购买和使用由再生纸制成的物品。

· 别忘了多种树！